もくじ

学校図書版
小学校算数
3年　準拠

JN087488

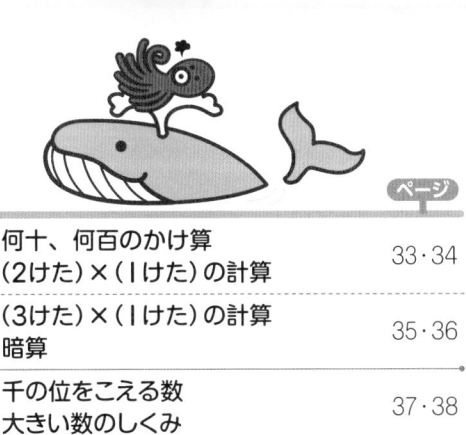

 教科書 下

1　かけ算のきまりを見つけて九九を広げよう
❶ かけ算のきまり　❷ ０のかけ算
❸ １０のかけ算

／100点

1 次の□にあてはまる数を書きましょう。

1つ8〔48点〕

❶ $3 \times 7 = 3 \times 6 +$ □

❷ $7 \times$ □ $= 7 \times 4 - 7$

❸ $6 \times 4 =$ □ $\times 6$

❹ □ $\times 3 = 3 \times 6$

❺
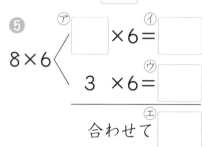

❻
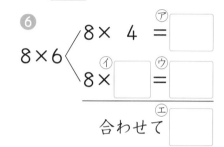

2 次のかけ算を、かけるじゅんじょをかえて２とおりの
しかたで計算しましょう。

1つ5〔20点〕

❶ $2 \times 3 \times 2$　　　❷ $4 \times 2 \times 3$

3 次の計算をしましょう。

1つ8〔32点〕

❶ 1×0　　　❷ 0×9

❸ 3×10　　　❹ 10×5

1　かけ算のきまりを見つけて九九を広げよう
❶ かけ算のきまり　❷ ０のかけ算
❸ 10のかけ算

10分　／100点

1 次の□にあてはまる数を書きましょう。　　　1つ8〔48点〕

① $4 \times 4 = 4 \times 3 + \boxed{}$

② $8 \times \boxed{} = 8 \times 7 - 8$

③ $8 \times 9 = 9 \times \boxed{}$

④ $4 \times \boxed{} = 7 \times 4$

⑤
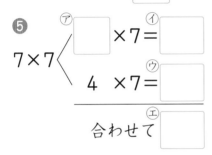
$7 \times 7 \begin{cases} ⑦\boxed{} \times 7 = ⑦\boxed{} \\ 4 \times 7 = ⑦\boxed{} \end{cases}$
合わせて ㊀$\boxed{}$

⑥
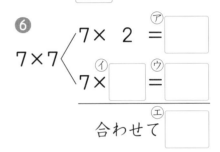
$7 \times 7 \begin{cases} 7 \times 2 = ⑦\boxed{} \\ 7 \times ⑦\boxed{} = ⑦\boxed{} \end{cases}$
合わせて ㊀$\boxed{}$

2 次のかけ算を、かけるじゅんじょをかえて２とおりの
しかたで計算しましょう。　　　1つ5〔20点〕

① $3 \times 2 \times 5$

② $2 \times 2 \times 2$

3 次の計算をしましょう。　　　1つ8〔32点〕

① 0×3

② 0×0

③ 0×10

④ 10×10

答えは
65ページ

2　時こくや時間をもとめて生活にいかそう
❶ 時こくと時間のもとめ方

/100点

1 次の時こくや時間をもとめましょう。　　　1つ20〔60点〕

❶　午前 5 時 40 分の 30 分後の時こく。

（　　　　　　　　　）

❷　午後 10 時 10 分の 50 分前の時こく。

（　　　　　　　　　）

❸　1 時間 25 分と 30 分を合わせた時間。

（　　　　　　　　　）

2 午後 2 時 50 分に家を出て、50 分後
に公園に着きました。　　　1つ20〔40点〕

❶　公園に着いた時こくは、午後何時何
分ですか。

（　　　　　　　　　）

❷　公園で午後 4 時 25 分まで遊びました。遊んだ時間
は何分ですか。

（　　　　　　　　　）

2　時こくや時間をもとめて生活にいかそう
❶ 時こくと時間のもとめ方

10分

／100点

1▶ 次の時こくや時間をもとめましょう。　　　　1つ20〔60点〕

❶　午前 3 時 40 分の 1 時間 30 分後の時こく。

（　　　　　　　　　）

❷　午後 6 時 15 分の 1 時間 20 分前の時こく。

（　　　　　　　　　）

❸　午前 8 時 50 分から午前 9 時 35 分までの時間。

（　　　　　　　　　）

2▶ 家からデパートに行くのに、1 時間 10 分かかります。午前 11 時にデパートに着くには、午前何時何分に家を出ればよいですか。　　　　　　　　　　　　　〔20点〕

（　　　　　　　　　）

3▶ 1 日目に 1 時間 45 分、2 日目に 55 分スポーツをしました。合わせて何時間何分スポーツをしましたか。〔20点〕

（　　　　　　　　　）

答えは
65ページ

2 時こくや時間をもとめて生活にいかそう
❷ 短い時間

／100点

1 次の □ にあてはまる数を書きましょう。　　1つ10〔40点〕

❶ 60秒＝ □ 分　　　❷ 2分＝ □ 秒

❸ 80秒＝ □ 分 □ 秒

❹ 1分50秒＝ □ 秒

2 次のストップウォッチは、何秒を表していますか。

1つ20〔40点〕

❶ 　　　　　❷

（　　　　　　）　　　　　　（　　　　　　）

3 みほさんとひろきさんが、同じ時こくに学校を出て、公園まで走りました。学校から公園まで、みほさんは1分45秒、ひろきさんは95秒かかりました。どちらが何秒早く公園に着きましたか。

〔20点〕

（　　　　　　　　　　　　　　）

2　時こくや時間をもとめて生活にいかそう
❷ 短い時間

1 次の□にあてはまる数を書きましょう。　　　　1つ10〔40点〕

❶ 115秒＝□分□秒　　❷ 3分＝□秒

❸ 95秒＝□分□秒

❹ 1分43秒＝□秒

2 次の⑦〜⊆の時間を、短いじゅんに記号で書きましょう。

1つ20〔40点〕

❶ ⑦ 1分15秒　　⑦ 70秒　　⑦ 1分　　⊆ 105秒

（　　　　　　　　　　　）

❷ ⑦ 55秒　　⑦ 1分30秒　　⑦ 2分　　⊆ 95秒

（　　　　　　　　　　　）

3 けんとさんとまみさんとかおりさんが、目をとじてかた足で立っていられる時間をはかりました。けんとさんは81秒、まみさんは1分10秒、かおりさんは59秒でした。だれがいちばん長く立っていられましたか。　　　　〔20点〕

（　　　　　　　　　　　）

答えは65ページ

教科書 ⊕ 37〜47 ページ　　　　月　　日　　　10分

3　同じ数ずつ分ける計算のしかたを考えよう
❶ １つ分の数をもとめる計算
❷ いくつ分をもとめる計算

／100点

1▶ 次の□にあてはまる数を書きましょう。　　1つ14〔28点〕

❶ 24 このいちごを、4 人で同じ数ずつ分けます。１人分は、何こになりますか。

【式】　□ ÷ □

答えは、□ のだんの九九を使ってもとめます。　　　　答え □ こ

❷ 24 このいちごを、１人に 3 こずつ分けます。何人に分けられますか。

【式】　□ ÷ □

答えは、□ のだんの九九を使ってもとめます。　　　　答え □ 人

2▶ 次のわり算をしましょう。　　1つ8〔72点〕

❶ 6÷2　　　　❷ 54÷9　　　　❸ 12÷3

❹ 8÷2　　　　❺ 24÷8　　　　❻ 36÷4

❼ 35÷5　　　　❽ 40÷8　　　　❾ 63÷7

月　　　日

3　同じ数ずつ分ける計算のしかたを考えよう
❶ 1 つ分の数をもとめる計算
❷ いくつ分をもとめる計算

10分

／100点

1 次のわり算をしましょう。　　　　　　　　　　　　1つ6〔54点〕

① 18÷6　　　② 45÷9　　　③ 14÷7

④ 48÷6　　　⑤ 10÷5　　　⑥ 12÷2

⑦ 35÷7　　　⑧ 32÷4　　　⑨ 15÷3

2 28 このおかしを、1 人に 7 こずつ分けると、何人に分けられますか。　　　　　　　　　　　　1つ7〔14点〕

【式】

答え（　　　　　　　）

3 同じあつさの本を 8 さつ重ねたら、高さが 72 mm になりました。この本 1 さつのあつさは何 mm ですか。

【式】　　　　　　　　　　　　　　　　　　　1つ7〔14点〕

答え（　　　　　　　）

4 25÷5 の式になる問題を作りましょう。　　　〔18点〕

答えは
65ページ

きほん 5

3　同じ数ずつ分ける計算のしかたを考えよう
❸ １や０のわり算
❹ 計算のきまりを使って

／100点

1 次の計算をしましょう。　　　　　　　　　　1つ8〔48点〕

① 0÷5　　　② 8÷1　　　③ 9÷9

④ 28÷2　　　⑤ 39÷3　　　⑥ 40÷2

2 次の□にあてはまる数を書きましょう。　　　1つ16〔32点〕

① 60÷3 の計算のしかたを考えます。60 は 10 が

□こだから、60÷3 は 10 が □ ÷ □ ＝ □

より、□こになるので、60÷3＝□ です。

② 93÷3 の計算
のしかたを考えま
す。

93 は

90 と ㋐□

90 ÷3＝㋑□

㋒□ ÷3＝㋓□

―――――――――

93÷3＝㋔□

3 48 ページのドリルを、１日に 4 ペー
ジずつとくと、何日でとき終わりますか。

【式】　　　　　　　　　　　　　1つ10〔20点〕

答え（　　　　　　　　）

かくにん 5

3　同じ数ずつ分ける計算のしかたを考えよう
❸ 1や0のわり算
❹ 計算のきまりを使って

1 次の計算をしましょう。　　　　　　　　　　1つ8〔48点〕

① 6÷1　　　② 0÷7　　　③ 4÷4

④ 99÷9　　　⑤ 48÷2　　　⑥ 50÷5

2 9mのテープがあります。1mずつ分けると、何本に分けることができますか。　　　1つ8〔16点〕

【式】

答え（　　　　　　　　）

3 66cmのリボンを、6cmずつに切り分けます。6cmのリボンは何本できますか。　　　1つ9〔18点〕

【式】

答え（　　　　　　　　）

4 80本のえん筆を、8本ずつふくろに入れると、ふくろは何まいいりますか。

【式】　　　　　　　　1つ9〔18点〕

答え（　　　　　　　　）

答えは
66ページ

倍の計算
倍について考えよう

/100点

1 大きい水そうには水が21L、小さい水そうには水が7L入っています。大きい水そうには、小さい水そうの何倍の水が入っていますか。

1つ10〔20点〕

【式】

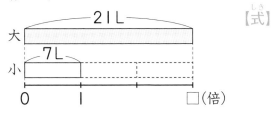

答え（　　　　　）

2 みきさんは、テープを8cm切り取りました。ひろしさんは、みきさんの2倍の長さのテープを切り取りました。ひろしさんが切り取ったテープは何cmですか。　1つ10〔20点〕

【式】

答え（　　　　　）

3 次の□にあてはまる数を書きましょう。　1つ15〔60点〕

① 16dLは4dLの □ 倍です。

② 12cmは □ cmの4倍です。

③ 2cmの3倍の長さは □ cmです。

④ □ Lの2倍のかさは8Lです。

倍の計算
倍について考えよう

／100点

1 トマトが赤いかごに 15 こ、白いかごに 5 こ入っています。赤いかごに入っているトマトの数は、白いかごに入っているトマトの数の何倍ですか。　1つ12〔24点〕

【式】

答え（　　　　　　）

2 ゆかりさんはビー玉を 36 こ、やよいさんは 9 こ持っています。ゆかりさんの持っているビー玉の数は、やよいさんの持っているビー玉の数の何倍ですか。　1つ12〔24点〕

【式】

答え（　　　　　　）

3 だいちさんは 8 まいカードを持っています。ひさしさんの持っているカードの数は、だいちさんの 3 倍です。ひさしさんは何まいカードを持っていますか。　1つ13〔26点〕

【式】

答え（　　　　　　）

4 よしこさんはおはじきを 36 こ持っています。よしこさんの持っているおはじきの数は、まいさんの 4 倍です。まいさんは何こおはじきを持っていますか。　1つ13〔26点〕

【式】

答え（　　　　　　）

答えは 66ページ

4　3けたの筆算のしかたを考えよう
❶ 3けたのたし算
❷ 3けたのひき算

／100点

1 次の計算をしましょう。

1つ8〔72点〕

①
```
  278
+ 214
```

②
```
  367
+  95
```

③
```
  729
+ 187
```

④
```
  365
+ 827
```

⑤
```
  598
+ 476
```

⑥
```
  692
- 131
```

⑦
```
  407
- 207
```

⑧
```
  173
- 155
```

⑨
```
  1318
-  534
```

2 ある水族館のきのうの入場者数は、午前が281人、午後が323人でした。

1つ7〔28点〕

① きのうの入場者数は、全部で何人ですか。

【式】

答え（　　　　　　　　　）

② 午前と午後では、どちらが何人多いですか。

【式】

答え（　　　　　　　　　）

答えは
66ページ

月　　日

10分

4 3けたの筆算のしかたを考えよう

❶ 3けたのたし算
❷ 3けたのひき算

／100点

1 次の計算をしましょう。

1つ8〔72点〕

①
```
  354
+  87
```

②
```
  437
+164
```

③
```
  682
+228
```

④
```
  689
+746
```

⑤
```
  386
-246
```

⑥
```
  682
-276
```

⑦
```
  203
-155
```

⑧
```
  1635
-  698
```

⑨
```
  1005
-  947
```

2 赤い色紙が375まい、青い色紙が286まいあります。

① 色紙は、全部で何まいありますか。

1つ7〔28点〕

【式】

答え（　　　　　　　）

② 赤い色紙と青い色紙では、どちらが何まい多いですか。

【式】

答え（　　　　　　　）

答えは
66ページ

4　3けたの筆算のしかたを考えよう

❸　大きい数の計算
❹　計算のくふう

／100点

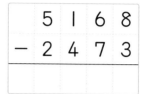

1 次の計算をしましょう。

1つ6〔36点〕

①
```
   2 4 7 3
+  5 1 6 8
```

②
```
   5 1 6 8
-  2 4 7 3
```

③　4085+3947

④　6352+3648

⑤　5071-2846

⑥　10000-8076

2 次の計算をくふうしてしましょう。

1つ6〔36点〕

①　199+150

②　209+97

③　406-98

④　529-197

⑤　324+64+36

⑥　294+78+6

3 次の計算を暗算でしましょう。

1つ7〔28点〕

①　61+27

②　35+45

③　75-23

④　80-38

答えは
66ページ

4　3けたの筆算のしかたを考えよう

❸ 大きい数の計算

❹ 計算のくふう

/100点

1 次の計算をくふうしてしましょう。　　　　　　　1つ6〔36点〕

① 397+103　　　　② 37+696

③ 803−799　　　　④ 915−196

⑤ 307+206+94　　⑥ 72+46+48

2 次の計算を暗算でしましょう。　　　　　　　1つ6〔24点〕

① 52+31　　　　② 34+28

③ 76−12　　　　④ 92−59

3 けんさんは 3750 円、お兄さんは 5087 円のちょ金があります。　　　　　　　　　　　　　　　　　　1つ10〔40点〕

① 2人のちょ金を合わせると、何円になりますか。

【式】

答え（　　　　　　　）

② 2人のちょ金のちがいは、何円ですか。

【式】

答え（　　　　　　　）

答えは
66ページ

5　調べたことをわかりやすくまとめよう

❶ 表

❷ ぼうグラフ ①

／100点

1 ▶ ひろみさんたちが、通りにある店の数を調べたら、下のようになりました。「正」の字を使って表した数を右の表に数字で書きましょう。 〔55点〕

食べ物屋	正正	病院	正丅
薬局	正一	花屋	一
コンビニエンスストア	正	本屋	一
パン屋	丅	おもちゃ屋	一

店の数調べ

店	数(けん)
食べ物屋	
薬局	
コンビニエンスストア	
パン屋	
病院	
その他	
合計	

2 ▶ 次のぼうグラフで、ぼうが表している大きさを書きましょう。 1つ15〔45点〕

❶

```
(点)
80
60 ┌─┐
40 │ │
20 │ │
 0 └─┘
```
(　　　　)

❷

```
(m)
40
30
20 ┌─┐
10 │ │
 0 └─┘
```
(　　　　)

❸

```
(円)
800
600 ┌─┐
400 │ │
200 │ │
  0 └─┘
```
(　　　　)

5　調べたことをわかりやすくまとめよう

❶ 表
❷ ぼうグラフ ①

/100点

1 かずきさんは、友だち 25 人に赤、青、黄、緑、だいだい、黒、白の中からすきな色を１人１つずつえらんでもらいました。それぞれの色がすきな人の数を右の表に整理しましょう。〔60点〕

青	緑	だいだい	赤	黄
赤	黒	だいだい	青	だいだい
黄	白	赤	黄	赤
だいだい	青	黄	緑	青
青	赤	赤	黄	緑

すきな色調べ

色	人数（人）
赤	
青	
黄	
緑	
だいだい	
その他	
合　計	

2 右のグラフは、３年生が１週間の間に図書館でかりた本の数を表したものです。1つ20〔40点〕

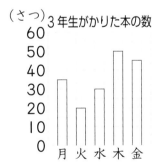

３年生がかりた本の数
（さつ）
60 50 40 30 20 10 0
月 火 水 木 金

❶　グラフの１目もりは、何さつを表していますか。

（　　　　　）

❷　３年生がかりた本の数がいちばん多い日といちばん少ない日の本の数のちがいは、何さつですか。

（　　　　　）

答えは 67ページ

5　調べたことをわかりやすくまとめよう
❷ ぼうグラフ ②
❸ くふうした表

／100点

1▶ 次の表は、じゅんさんの組の人たちの、きぼうする係の人数を調べたものです。これをぼうグラフに表しましょう。
〔40点〕

きぼうする係の人数

係	しいく	新聞	ほけん	図書
人数（人）	13	10	6	5

(人) きぼうする係の人数

15

10

5

0
しいく　新聞　ほけん　図書

2▶ 右の表は、2年生と3年生で虫歯のある人の数を、組ごとに調べてまとめたものです。　1つ12〔60点〕

虫歯調べ　　（人）

学年＼組	1組	2組	3組	合計
2年	4	8	5	17
3年	7	6	4	㋐
合計	㋑	14	㋒	㋓

❶ 3年2組で、虫歯のある人は何人ですか。

（　　　　　　　）

❷ 表の㋐から㋓にあてはまる数を答えましょう。

㋐（　　　　　　　）　　㋑（　　　　　　　）

㋒（　　　　　　　）　　㋓（　　　　　　　）

5　調べたことをわかりやすくまとめよう

❷　ぼうグラフ ②

❸　くふうした表

／100点

10分

1 下の表は、文ぼう具のねだんについて調べたものです。これをぼうグラフに表しましょう。〔40点〕

文ぼう具のねだん

しゅるい	ねだん(円)
じょうぎ	260
色えん筆	200
ノート	150
えん筆	120
消しゴム	80

（円）

じょうぎ　色えん筆　ノート　えん筆

2 右の表は、2年生と3年生で1学期に休んだ人数を、組ごとに調べてまとめたものです。表の⑦から⑰にあてはまる数を答えましょう。　1つ10〔60点〕

1学期に休んだ人数　　（人）

学年＼組	1組	2組	3組	合計
2年	⑦	10	⑦	25
3年	⑦	㋒	12	29
合計	㋔	15	18	㋕

⑦（　　　　　）　㋑（　　　　　）　㋒（　　　　　）

㋓（　　　　　）　㋔（　　　　　）　㋕（　　　　　）

答えは
67ページ

6　長い長さのたんいや表し方を考えよう
❶ はかり方
❷ キロメートル

／100点

1 次のまきじゃくの↓のところは、何cm ですか。1つ10〔40点〕

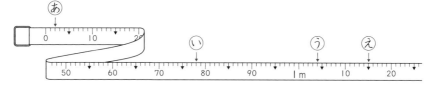

あ（　　　　　　　）　　　い（　　　　　　　）

う（　　　　　　　）　　　え（　　　　　　　）

2 右の地図を見て答えましょう。

1つ10〔40点〕

❶　駅（えき）から小学校までの道のり
は何m ですか。また、きょ
りは何m ですか。

道のり（　　　　　　　）

きょり（　　　　　　　）

❷　駅から小学校の前を通って公園まで行くときの道のり
は何m ですか。また、何km 何m ですか。

（　　　　　　　）（　　　　　　　）

3 次の□にあてはまる数を書きましょう。

1つ10〔20点〕

❶　6km =〔　　　　〕m　　❷　3km150m =〔　　　　〕m

かくにん 11

6　長い長さのたんいや表し方を考えよう
❶ はかり方
❷ キロメートル

10分

／100点

1 □にあてはまるたんいを書きましょう。　　　1つ8〔16点〕

❶　１時間におとなが歩く道のり。　　　4 [　]

❷　消しゴムの横の長さ。　　　4 [　] 5 [　]

2 下のまきじゃくの↓のところは、何m何cm ですか。

1つ8〔24点〕

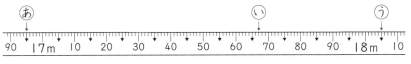

あ（　　　　　　　）　い（　　　　　　　）　う（　　　　　　　）

3 次の計算をしましょう。　　　1つ10〔40点〕

❶　650m＋980m　　　❷　3km860m＋290m

❸　3km−360m　　　❹　1km280m−950m

4 図を見て、次の道のりが何km何m か答えましょう。

1つ10〔20点〕

❶　市役所から中学校。　　　❷　図書館から小学校。

（　　　　　　　）　　　（　　　　　　　）

答えは
67ページ

7 まるい形のとくちょうやかき方を調べよう
❶ 円　　❷ 球

／100点

1▶ 半径 1cm5mm の円と直径 2cm の円をかきましょう。

1つ20〔40点〕

2▶ コンパスを使って、次の直線の長さをくらべて、いちばん長い直線の記号を書きましょう。　　〔15点〕

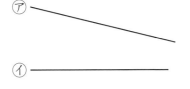

㋐
㋑
㋒

（　　　　　）

3▶ 右の図は、球をちょうど半分に切ってできた形です。　　1つ15〔45点〕

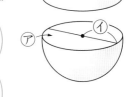

❶ 球の切り口㋐は、何という形になりますか。

（　　　　　）

❷ ㋑を球の何といいますか。

（　　　　　）

❸ この球の直径を 10cm とすると、㋑の長さは何cmですか。

（　　　　　）

答えは 67ページ

7　まるい形のとくちょうやかき方を調べよう
❶ 円　　　**❷ 球**

／100点

1 次の▢にあてはまる数を書きましょう。　　　1つ10〔20点〕

❶　半径が 15cm の円の直径は ▢ cm です。

❷　直径が 80cm の円の半径は ▢ cm です。

2 直径が 2cm の円を下のようにならべました。直線アイの長さは、何 cm ですか。　　　〔20点〕

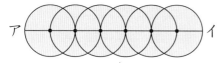

（　　　　　　）

3 コンパスを使って、下のもようをかきましょう。1つ20〔40点〕

❶
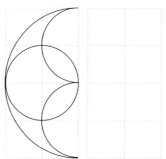

❷

4 右の図のように、半径 5cm のボールが 6 こぴったり箱に入っています。この箱のたての長さは何 cm ですか。　　　1つ10〔20点〕

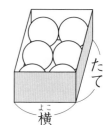

【式】

答え（　　　　　　）

答えは
68ページ

8　わり算のあまりの意味を考えよう
❶ あまりのあるわり算

/100点

1 トマトが25こあります。1人に6こずつ分けると、何人に分けられて、何こあまりますか。　　1つ10〔20点〕

❶　式と答えを書きましょう。

　全部の数　　1人分の数　　何人分　　　あまり

　□　÷　□　＝　□　あまり　□

　　　　　　答え（　　　　　　　　　　　　　　　　）

❷　❶のわり算の答えが正しいかどうかたしかめましょう。

　6×□＋□＝□

2 次の計算をしましょう。　　1つ10〔60点〕

❶　30÷7　　　❷　43÷5　　　❸　55÷6

❹　26÷8　　　❺　33÷4　　　❻　83÷9

3 次の計算のまちがいを見つけて、正しい答えを書きましょう。　　1つ10〔20点〕

❶　26÷3＝9 あまり 1　　❷　30÷4＝6 あまり 6

かくにん **13**

8　わり算のあまりの意味を考えよう
❶ あまりのあるわり算

10分

／100点

1 次の計算をしましょう。　　　　　　　　　1つ6〔54点〕

❶ 5÷2　　　　❷ 31÷4　　　　❸ 29÷5

❹ 70÷8　　　　❺ 51÷7　　　　❻ 65÷9

❼ 57÷6　　　　❽ 28÷3　　　　❾ 18÷4

2 次のわり算の答えで、正しいときは○、まちがっている
ときは正しい答えを、（　）の中に書きましょう。　1つ7〔28点〕

❶ 26÷5＝4 あまり 6　　❷ 17÷3＝6 あまり 1

（　　　　　　　）　　　（　　　　　　　）

❸ 59÷8＝7 あまり 3　　❹ 20÷4＝4 あまり 4

（　　　　　　　）　　　（　　　　　　　）

3 46 このあめを、7 人の子どもに同じ
数ずつ分けます。1 人に何こずつ分けら
れて、何こあまりますか。　　　　1つ9〔18点〕

【式】

答え（　　　　　　　　　　　　　）

答えは
68ページ

8　わり算のあまりの意味を考えよう

❷ いろいろな問題

/100点

1 ▶ 45 このケーキを、1箱に 6 こずつ入れます。全部のケーキを箱に入れるには、箱は何箱いりますか。　1つ15〔30点〕

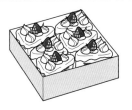

【式】

答え（　　　　　　）

2 ▶ 68 このたまごを、1パックに 7 こずつ入れます。全部のたまごをパックに入れるには、何パックいりますか。

【式】　　　　　　　　　　　　　　1つ15〔30点〕

答え（　　　　　　）

3 ▶ 26 人で 50m 走をします。　1つ10〔40点〕

❶ 4 人ずつ走ると、何組できて、何人のこりますか。

【式】

答え（　　　　　　　　　　　）

❷ のこりの人がないように、4 人の組と 5 人の組を作るとすると、それぞれ何組できますか。

4 人の組（　　　　　）　　5 人の組（　　　　　）

答えは 68ページ

10分

8　わり算のあまりの意味を考えよう
❷ いろいろな問題

/100点

1 57 このくりを、7 人で同じ数ずつ分けます。　1つ10〔40点〕

❶ 1 人に何こずつ分けられて、何こあまりますか。
【式】

答え（　　　　　　　　　　　　）

❷ あと何こあれば、1 人に 9 こずつ分けられますか。
【式】

答え（　　　　　　　　　　　　）

2 えん筆が 27 本あります。　1つ10〔40点〕

❶ 1 人に 5 本ずつ分けると、何人に分けられますか。
【式】

答え（　　　　　　　　　　　　）

❷ 8 本入りのふくろを作ると、ふくろはいくつできますか。
【式】

答え（　　　　　　　　　　　　）

3 75 ページある本を、1 日に 8 ページずつ読みます。全部読み終わるのに何日かかりますか。　1つ10〔20点〕
【式】

答え（　　　　　　　　　　　　）

答えは
68ページ

9　くふうして計算のしかたを考えよう

／100点

1▶ 次の □ にあてはまる数を書きましょう。　1つ20〔60点〕

❶

$14×6$
ア $7× 6 =$ □
イ $7×$ □ ウ $=$ □
合わせて エ □

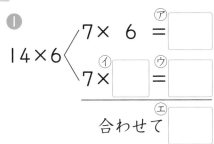

❷

$14×6$
ア $9×$ □ イ $=$ □
ウ $5× 6 =$ □
合わせて エ □

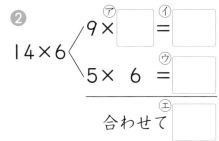

❸

$14×6$
ア □ イ $×6=$ □
ウ $10 ×6=$ □
合わせて エ □

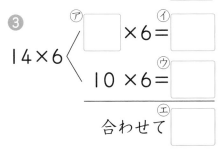

2▶ 次の計算をしましょう。　1つ10〔20点〕

❶　$12×3$　　　　　　❷　$15×4$

3▶ 1 ふくろに 16 こ入っているあめが 7 ふくろあります。
あめは、全部で何こありますか。　1つ10〔20点〕

【式】

答え（　　　　　　　）

9　くふうして計算のしかたを考えよう

/100点

1▶ 次の □ にあてはまる数を書きましょう。　　　　1つ20〔60点〕

❶
$16×8$
$\begin{cases} 8× \boxed{ア} = \boxed{イ} \\ 8×\ 8 = \boxed{ウ} \end{cases}$
合わせて $\boxed{エ}$

❷
$16×8$
$\begin{cases} \boxed{ア} ×8 = \boxed{イ} \\ 7×\ 8 = \boxed{ウ} \end{cases}$
合わせて $\boxed{エ}$

❸
$16×8$
$\begin{cases} 6\ ×8 = \boxed{ア} \\ \boxed{イ} ×8 = \boxed{ウ} \end{cases}$
合わせて $\boxed{エ}$

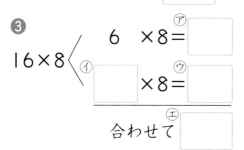

2▶ 次の計算をしましょう。　　　　1つ10〔20点〕

❶ $18×2$　　　　　　❷ $12×8$

3▶ おり紙を1人に17まいずつ配ります。6人に配るとき、おり紙は全部で何まいひつようですか。　　　　1つ10〔20点〕

【式】

答え（　　　　　　　）

答えは
68ページ

10　筆算を使って計算しよう

❶ 何十、何百のかけ算

❷ （2けた）×（1けた）の計算

／100点

1 次の計算をしましょう。

1つ6〔60点〕

① 40×2

② 60×4

③ 200×5

④ 300×8

⑤
```
    2 2
×     3
```

⑥
```
    3 6
×     2
```

⑦
```
    3 2
×     4
```

⑧
```
    1 7
×     3
```

⑨
```
    6 4
×     2
```

⑩
```
    4 3
×     4
```

2 1 さつ 84 円のノートを 9 さつ買います。代金は、全部で何円ですか。

【式】

1つ10〔20点〕

答え（　　　　　　）

3 毎日 45 ページずつ本を読むと、1 週間では何ページ読むことになりますか。

1つ10〔20点〕

【式】

答え（　　　　　　）

かくにん 16

10　筆算を使って計算しよう
❶ 何十、何百のかけ算
❷ （2けた）×（1けた）の計算

/100点

1 次の計算をしましょう。　　　　　　　　　1つ6〔60点〕

① 50×9　　　　　　　② 70×8

③ 300×7　　　　　　④ 900×9

⑤　　 1 6　　　⑥　　 7 0　　　⑦　　 2 6
　　×　 6　　　　　×　 5　　　　　×　 3

⑧　　 9 3　　　⑨　　 2 5　　　⑩　　 7 9
　　×　 4　　　　　×　 8　　　　　×　 8

2 1こ75円のおかしを7こ買います。代金は、全部で
何円ですか。　　　　　　　　　　　　　　1つ10〔20点〕

【式】

答え（　　　　　　　　）

3 りんごを1箱に16こずつつめたら、
9箱できて6こあまりました。りんご
は全部で何こありますか。　　1つ10〔20点〕

【式】

答え（　　　　　　　　）

答えは
69ページ

きほん 17

10　筆算を使って計算しよう

❸ （3けた）×（1けた）の計算

❹ 暗算

／100点

1 次の計算をしましょう。　　　　　　1つ6〔54点〕

❶
```
  1 2 3
×     3
```

❷
```
  4 3 7
×     2
```

❸
```
  3 0 6
×     3
```

❹
```
  5 3 2
×     3
```

❺
```
  2 8 7
×     6
```

❻
```
  5 0 7
×     5
```

❼
```
  3 5 0
×     3
```

❽
```
  4 0 9
×     6
```

❾
```
  8 0 0
×     8
```

2 1こ635円のべんとうを3こ買います。代金は、全部で何円ですか。1つ9〔18点〕

【式】

答え（　　　　　　　）

3 次の計算を暗算でしましょう。　　　　　1つ7〔28点〕

❶ 23×2

❷ 16×5

❸ 42×2

❹ 27×3

かくにん 17

10　筆算を使って計算しよう
❸ （3けた）×（1けた）の計算
❹ 暗算

10分

／100点

1 次の計算をしましょう。　　　　　　　　　　　1つ6〔54点〕

① 　　218
　　× 　　3

② 　　109
　　× 　　9

③ 　　257
　　× 　　2

④ 　　154
　　× 　　6

⑤ 　　435
　　× 　　6

⑥ 　　265
　　× 　　8

⑦ 　　384
　　× 　　5

⑧ 　　580
　　× 　　3

⑨ 　　400
　　× 　　8

2 1こ215円のおかしを5こ買います。
代金は、全部で何円ですか。　　　1つ9〔18点〕

【式】

答え（　　　　　　　　）

3 次の計算を暗算でしましょう。　　　　　　1つ7〔28点〕

① 13×3

② 22×3

③ 49×2

④ 18×5

答えは
69ページ

きほん 18

11　数の表し方やしくみを調べよう
❶ 千の位をこえる数
❷ 大きい数のしくみ

／100点

1 ▶ 3047216 について、□ にあてはまる数やことばを書きましょう。

1つ10〔40点〕

① 一万の位の数字は □ です。

② 百万の位の数字は □ です。

③ 0 は □ の位の数字です。

④ 一万を □ こと、7216 を合わせた数です。

2 ▶ 次の数を数字で書きましょう。

1つ10〔30点〕

① 九万七千百二十五　　　　（　　　　　　　）

② 三千八百九万二千　　　　（　　　　　　　）

③ 六十万四百　　　　　　　（　　　　　　　）

3 ▶ 次の数直線で、↑ の表している数を書きましょう。

1つ10〔30点〕

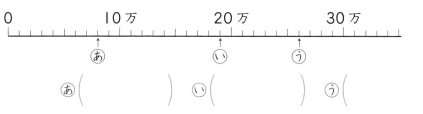

あ（　　　　　）　い（　　　　　）　う（　　　　　）

かくにん 18

11 数の表し方やしくみを調べよう
❶ 千の位をこえる数
❷ 大きい数のしくみ

／100点

1 次の◯にあてはまる数を書きましょう。　　　1つ8〔24点〕

❶ 10万を7こと、1万を8こ合わせた数は、

◯ です。

❷ 100万を12こ集めた数は、◯ です。

❸ 1024000は、1000を◯こ集めた数です。

2 ⓪、①、②、③、④、⑤の数字カードを、6まい全部使って6けたの数を作ります。次の数を作りましょう。1つ8〔24点〕

❶ いちばん大きい数 （　　　　　　　　）

❷ いちばん小さい数 （　　　　　　　　）

❸ 一の位が3でいちばん大きい数 （　　　　　　　　）

3 次の◯にあてはまる数を書きましょう。　　　1つ8〔32点〕

❶ −850万−900万−◯−◯−1050万−

❷ −9999−◯−10001−10002−◯

4 ◯にあてはまる不等号を書きましょう。　　　1つ10〔20点〕

❶ 89996 ◯ 100002　　❷ 402081 ◯ 402080

答えは
69ページ

11　数の表し方やしくみを調べよう

❸ 10倍、100倍、1000倍の数と10でわった数
❹ 大きい数のたし算とひき算

／100点

1 次の表をかんせいさせましょう。　　　　　　　1つ5〔40点〕

	10倍した数	100倍した数	1000倍した数	10でわった数
90	㋐	㋑	㋒	㋓
170	㋔	㋕	㋖	㋗

2 次の計算をしましょう。　　　　　　　　　　1つ6〔36点〕

❶ 43万＋58万

❷ 91万−29万

❸ 4000万＋6000万

❹ 2000万−1600万

❺ 370000＋110000

❻ 310000−290000

3 北市の人口は450000人、南市の人口は810000人です。

❶ 2つの市の人口を合わせると、何人ですか。　　1つ6〔24点〕

【式】

答え（　　　　　　　　　　　　　）

❷ 2つの市の人口のちがいは、何人ですか。

【式】

答え（　　　　　　　　　　　　　）

答えは
69ページ

11　数の表し方やしくみを調べよう

❸ 10倍、100倍、1000倍の数と10でわった数

❹ 大きい数のたし算とひき算

／100点

1 次の計算をしましょう。　　　　　　　　　　　　　1つ8〔48点〕

❶ 68×10

❷ 456×10

❸ 74×100

❹ 813×1000

❺ 80÷10

❻ 930÷10

2 次の計算をしましょう。　　　　　　　　　　　　　1つ8〔32点〕

❶ 49万+21万

❷ 52万-37万

❸ 460000+870000

❹ 720000-130000

3 ひろしさんは妹とゲームをして、ひろしさんは **67000**
点、妹は **49000** 点取りました。　　　　　　　　　1つ5〔20点〕

❶ 2人の点数を合わせると、何点になりますか。

【式】

答え（　　　　　　　　）

❷ 2人の点数のちがいは、何点ですか。

【式】

答え（　　　　　　　　）

答えは
69ページ

12　はしたの大きさの表し方やしくみを調べよう

❶ はしたの表し方
❷ 小数のしくみ

／100点

1▸ 次のかさは、それぞれ何dL ですか。　　　　1つ14〔28点〕

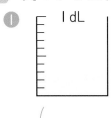

❶　1 dL

❷　1 dL　　1 dL

（　　　　　　）　　　　　　（　　　　　　）

2▸ 次の数直線で、㋐〜㋒は、何dL を表していますか。

1つ12〔36点〕

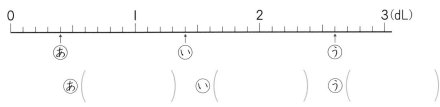

㋐（　　　　）　㋑（　　　　）　㋒（　　　　）

3▸ 次の長さを答えましょう。　　　　1つ12〔36点〕

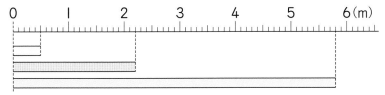

❶　50cm は、何m ですか。　　　　（　　　　　　）

❷　2m20cm は、何m ですか。　　（　　　　　　）

❸　5m80cm は、何m ですか。　　（　　　　　　）

12　はしたの大きさの表し方やしくみを調べよう

❶ はしたの表し方
❷ 小数のしくみ

/100点

1 次の数直線で、↑の表している小数を書きましょう。

1つ5〔20点〕

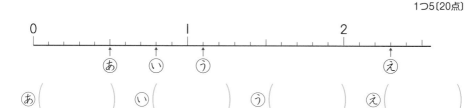

あ（　　　　） い（　　　　　） う（　　　　　） え（　　　　）

2 次の□にあてはまる不等号を書きましょう。　1つ10〔30点〕

❶ 4 □ 4.1　❷ 3.5 □ 4.2　❸ 1.1 □ 0.9

3 次の□にあてはまる数を書きましょう。　1つ10〔30点〕

❶ 4dL と 0.3dL を合わせたかさは、□ dL です。

❷ 3.7 は、0.1 が □ こ分です。

❸ 2.9 は、2 と □ を合わせた数です。

4 次の□にあてはまる数を書きましょう。　1つ5〔20点〕

❶ □ ― 1 ― 1.1 ― 1.2 ― □ ― 1.4

❷ 4.1 ― 4 ― □ ― 3.8 ― 3.7 ― □

答えは
70ページ

12　はしたの大きさの表し方やしくみを調べよう
❸ 小数のたし算とひき算

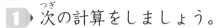

／100点

1 次の計算をしましょう。　　　　　　　　　　1つ8〔32点〕

❶　0.5+0.1　　　　　❷　3.4+0.7

❸　0.8−0.5　　　　　❹　2.1−1.6

2 次の計算をしましょう。　　　　　　　　　　1つ8〔48点〕

❶　　7.2
　　+ 2.4

❷　　3.6
　　+ 5.6

❸　　2.5
　　+ 3.5

❹　　8.8
　　− 4.6

❺　　7.4
　　− 3.8

❻　　5
　　− 1.9

3 4.2L の牛にゅうと 2.9L の牛にゅうがあります。

❶　合わせて、何L ありますか。　　　　　　　1つ5〔20点〕

【式】

答え（　　　　　　　）

❷　ちがいは何L ですか。

【式】

答え（　　　　　　　）

12　はしたの大きさの表し方やしくみを調べよう
❸ 小数のたし算とひき算

／100点

---

1 次の計算をしましょう。

1つ7〔84点〕

❶ 2.3＋4.5　　　　　❷ 3.7＋5.9

❸ 5.8＋2.5　　　　　❹ 2.5＋7.5

❺ 2.8＋0.2　　　　　❻ 6.7＋0.5

❼ 6.5－3.2　　　　　❽ 7.3－5.6

❾ 4－0.2　　　　　　❿ 1.6－0.4

⓫ 3－2.9　　　　　　⓬ 6.2－0.2

2 あきひろさんの住んでいる市には、2.4km の橋と 1.6km の橋があります。2つの橋のちがいは何km ですか。

1つ8〔16点〕

【式】

答え（　　　　　　　　）

答えは
70ページ

13　三角形のせいしつやかき方を調べよう

❶ 二等辺三角形と正三角形

❷ 三角形のかき方　❸ 三角形と角

／100点

1 次の三角形の中で、二等辺三角形と正三角形をえらび、記号で答えましょう。

1つ20〔40点〕

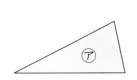

二等辺三角形 (　　　　　)　　　正三角形 (　　　　　)

2 次のように、㋐〜㋓の角があります。角の大きいじゅんに記号で答えましょう。

〔20点〕

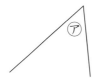

(　　　→　　　→　　　→　　　)

3 次の三角形をかきましょう。

1つ20〔40点〕

❶ 3つの辺の長さが、どれも 2cm の三角形。

❷ 3つの辺の長さが、3cm、3cm、4cm の三角形。

答えは
70ページ

かくにん
22

13　三角形のせいしつやかき方を調べよう

❶ 二等辺三角形と正三角形

❷ 三角形のかき方　❸ 三角形と角

／100点

1 右の円は、半径2cmで、点アは、円の中心です。　1つ16〔48点〕

❶ ⓐは何という三角形ですか。

(　　　　　　　　)

❷ ⓘは何という三角形ですか。

(　　　　　　　　)

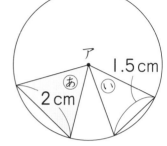

❸ 図の中に、3つの辺の長さが
2cm、2cm、3cmの三角形をかきましょう。

2 2つの三角じょうぎの角の大きさ
をくらべます。　　　1つ13〔52点〕

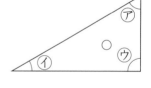

❶ ㋐の角と㋔の角はどちらが大き
いですか。

(　　　　　　　　)

❷ ㋑の角と㋓の角はどちらが大き
いですか。

(　　　　　　　　)

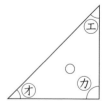

❸ ㋒の角と同じ大きさの角はどれ
ですか。

(　　　　　　　　)

❹ ㋐〜㋓の角を大きいじゅんに記号で答えましょう。

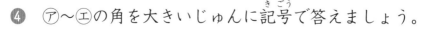

(　　→　　　　→　　　　→　　)

答えは
70ページ

教科書 ⑦ 73〜79 ページ

月　　日

14　筆算のしかたを考えよう
❶ 何十をかけるかけ算
❷ （2けた）×（2けた）の計算

／100点

1 次の計算をしましょう。

1つ4〔12点〕

① 8×70　　② 7×50　　③ 80×20

2 次の計算をしましょう。

1つ8〔72点〕

①
```
    2 3
  ×  2 1
```

②
```
    1 5
  ×  4 3
```

③
```
    6 2
  ×  2 7
```

④
```
    3 6
  ×  7 4
```

⑤
```
    8 2
  ×  6 9
```

⑥
```
    4 0
  ×  4 3
```

⑦
```
    9 0
  ×  1 8
```

⑧
```
    2 1
  ×  3 0
```

⑨
```
    5 7
  ×  6 0
```

3 お楽しみ会のために、1こ85円のおかしを34こ買います。代金は何円になりますか。

1つ8〔16点〕

【式】

答え（　　　　　　　）

かくにん 23

14　筆算のしかたを考えよう
❶ 何十をかけるかけ算
❷ （2けた）×（2けた）の計算

／100点

1 次の計算をしましょう。　　　　　　　　　1つ5〔20点〕

❶ 3×20

❷ 4×70

❸ 50×60

❹ 60×40

2 次の計算をしましょう。　　　　　　　　　1つ8〔64点〕

❶ 57×26

❷ 65×39

❸ 80×72

❹ 48×30

❺ 73×54

❻ 95×46

❼ 30×12

❽ 32×90

3 1本98円のジュースを25本買います。代金は何円になりますか。　　　　　　　　　　　　　　　　1つ8〔16点〕

【式】

答え（　　　　　　　）

答えは
70ページ

きほん 24

14　筆算のしかたを考えよう

❸　（3けた）×（2けた）の計算

❹　暗算

／100点

1 次の計算をしましょう。　　　　　　　　　　　　1つ8〔72点〕

❶
```
    3 1 2
  ×   3 1
```

❷
```
    5 1 2
  ×   4 8
```

❸
```
    6 3 4
  ×   7 9
```

❹
```
    2 1 8
  ×   4 5
```

❺
```
    7 2 2
  ×   1 3
```

❻
```
    5 2 9
  ×   8 1
```

❼
```
    5 0 2
  ×   3 4
```

❽
```
    8 0 6
  ×   8 7
```

❾
```
    6 0 2
  ×   5 0
```

2 1 ふくろ 365 こ入りのあめが 12 ふくろあります。あめは全部で何こありますか。　　　　　　　1つ6〔12点〕

【式】

答え（　　　　　　　　）

3 次の計算を暗算でしましょう。　　　　　　　　1つ8〔16点〕

❶ 250×8　　　　　❷ 4×9×25

答えは
70ページ

かくにん 24

14　筆算のしかたを考えよう

❸（3けた）×（2けた）の計算
❹ 暗算

⏱10分

／100点

1 次の計算をしましょう。　　　　　　　　　　　1つ8〔64点〕

① 123×45　　　　　② 468×57

③ 906×63　　　　　④ 708×70

⑤ 437×44　　　　　⑥ 130×21

⑦ 395×29　　　　　⑧ 560×38

2 クラスの 32 人で動物園に行きます。
入園するのに 1 人 150 円かかります。
全部で何円かかりますか。　　　1つ6〔12点〕

【式】

動物園

答え（　　　　　　　）

3 次の計算を暗算でしましょう。　　　　　1つ6〔24点〕

① 25×6　　　　　　② 2×16×5

③ 4×6×25　　　　　④ 50×13×2

答えは 71 ページ

きほん 25

15 分けた大きさの表し方やしくみを調べよう
❶ 分数
❷ 分数のしくみ

/100点　10分

1 次の□にあてはまる数を書きましょう。　1つ15〔30点〕

❶ 1m を 8 等分した 3 こ分の長さは、□ m です。

❷ 1L を 5 等分した 4 こ分のかさは、□ L です。

2 次の色をぬったところの長さは、何m ですか。　1つ10〔20点〕

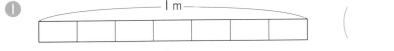

❶ ├── 1m ──┤　　　（　　　　　）

❷ ├── 1m ──┤　　　（　　　　　）

3 ジュースを 1L ますではかったら、右の図のようになりました。　1つ10〔20点〕

❶ 1 目もり分のかさは、何L ですか。

（　　　　　）

❷ ジュースのかさは、何L ですか。

（　　　　　）

4 次の□にあてはまる等号や不等号を書きましょう。　1つ15〔30点〕

❶ $\frac{6}{10}$ □ 0.7　　　❷ 0.4 □ $\frac{4}{10}$

15 分けた大きさの表し方やしくみを調べよう

❶ 分数
❷ 分数のしくみ

／100点

1 右の数直線を見て、次の
問題に答えましょう。

1つ12〔36点〕

① ⓐの数を分数で表しましょう。　　　（　　　　　）

② ⓘの数を小数で表しましょう。　　　（　　　　　）

③ $\frac{8}{10}$ を表す目もりに↓をかき入れましょう。

2 次の□にあてはまる数を書きましょう。　1つ14〔28点〕

① $\frac{1}{5}$ m の 5 こ分の長さは、□ m です。

② $\frac{1}{8}$ L の 10 こ分のかさは、□ L です。

3 1L のしょう油を 9 つのびんに同じかさずつ分けました。
このうちの 4 つのびんに入っているしょう油を合わせる
と、何 L になりますか。　〔12点〕

（　　　　　）

4 次の□にあてはまる等号や不等号を書きましょう。

1つ12〔24点〕

① $\frac{2}{10}$ □ 0　　　　② $\frac{8}{10}$ □ 0.8

答えは
71ページ

15　分けた大きさの表し方やしくみを調べよう
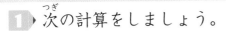 ❸ 分数のたし算とひき算

／100点

1 次の計算をしましょう。　　　　　　　　　　　　1つ8〔32点〕

❶ $\dfrac{1}{3} + \dfrac{1}{3}$

❷ $\dfrac{2}{6} + \dfrac{4}{6}$

❸ $\dfrac{3}{7} + \dfrac{2}{7}$

❹ $\dfrac{9}{10} + \dfrac{1}{10}$

2 ジュースがコップに $\dfrac{1}{9}$ L、紙パックに $\dfrac{7}{9}$ L あります。合わせて何L ありますか。　　　　　　　　　　　　1つ9〔18点〕

【式】

答え（　　　　　　　　）

3 次の計算をしましょう。　　　　　　　　　　　　1つ8〔32点〕

❶ $\dfrac{4}{6} - \dfrac{1}{6}$

❷ $\dfrac{5}{8} - \dfrac{3}{8}$

❸ $1 - \dfrac{1}{5}$

❹ $1 - \dfrac{5}{9}$

4 ジュースが $\dfrac{6}{7}$ L あります。$\dfrac{2}{7}$ L 飲むと、のこりは何L ですか。　　　　　　　　　　　　1つ9〔18点〕

【式】

答え（　　　　　　　　）

答えは
71ページ

15 分けた大きさの表し方やしくみを調べよう
❸ 分数のたし算とひき算

／100点

1 次の計算をしましょう。　　　　　　　　　　　1つ8〔32点〕

① $\dfrac{2}{6}+\dfrac{1}{6}$ 　　　　　② $\dfrac{2}{5}+\dfrac{3}{5}$

③ $\dfrac{4}{9}+\dfrac{3}{9}$ 　　　　　④ $\dfrac{5}{8}+\dfrac{3}{8}$

2 赤のリボンが $\dfrac{5}{9}$ m、青のリボンが $\dfrac{4}{9}$ m あります。2本
のリボンの長さは、合わせて何mですか。　　　1つ9〔18点〕

【式】

答え（　　　　　　　　）

3 次の計算をしましょう。　　　　　　　　　　　1つ8〔32点〕

① $\dfrac{4}{9}-\dfrac{2}{9}$ 　　　　　② $\dfrac{7}{10}-\dfrac{3}{10}$

③ $1-\dfrac{1}{7}$ 　　　　　④ $1-\dfrac{4}{5}$

4 赤のリボンが $\dfrac{7}{8}$ m、青のリボンが $\dfrac{5}{8}$ m あります。2本
のリボンの長さのちがいは何mですか。　　　　1つ9〔18点〕

【式】

答え（　　　　　　　　）

答えは
71ページ

10分

きほん 27

16　重さの表し方やしくみを調べよう
❶ 重さの表し方　❷ りょうのたんい　❸ 小数で表
された重さ　❹ もののかさと重さ　❺ 重さの計算

／100点

1 一円玉 1 この重さは 1g です。一円玉が次の数だけあるときの重さは何 g ですか。　　　　　1つ12〔24点〕

❶ 14 こ （　　　　　　　）　　❷ 150 こ （　　　　　　　）

2 次のはりが指している目もりは、何 g ですか。　1つ15〔30点〕

❶

（　　　　　　　）

❷

（　　　　　　　）

3 □ にあてはまるたんいを書きましょう。　　1つ12〔24点〕

❶　えん筆の重さ。　　　　　　　　　　6 □

❷　ランドセルの重さ。　　　　1 □　240 □

4 重さ 150g の入れ物にみかんを入れてはかったら、合わせて 650g ありました。みかんの重さは何 kg ありますか。　　　　　　　　　　　　　　　1つ11〔22点〕

【式】

答え（　　　　　　　）

かくにん 27

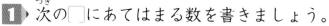

16　重さの表し方やしくみを調べよう

❶ 重さの表し方　**❷** りょうのたんい　**❸** 小数で表された重さ　**❹** もののかさと重さ　**❺** 重さの計算

/100点

1 次の □ にあてはまる数を書きましょう。　　1つ8〔48点〕

❶ 2kg10g= [　　　] g　　❷ 1t= [　　　] kg

❸ 19.5kg= [　　] kg [　　] g　❹ 1L= [　　　] mL

❺ 12kg400g= [　　　] kg　　❻ 1m= [　　　] mm

2 重さ300gの入れ物に米を入れてはかったら、右の図のようになりました。　1つ8〔32点〕

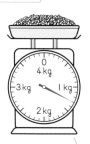

❶ はりは、何kg何gを指していますか。

（　　　　　　　　　）

❷ ❶の重さは、何gですか。

（　　　　　　　　　）

❸ 米だけの重さは何kgですか。

【式】

答え（　　　　　　　　）

3 重さ2kg100gの荷物の上に、重さ800gの荷物をのせます。全体の重さは何kgですか。　1つ10〔20点〕

【式】

答え（　　　　　　　　）

答えは 71ページ

17　数のかんけいを□を使った式で表そう

/100点

1 ケーキとクッキーを１こずつ買ったら、代金は全部で600円で、ケーキは１こ400円でした。クッキー１このねだんを□円として、たし算の式に表し、□にあてはまる数をもとめましょう。

1つ10〔20点〕

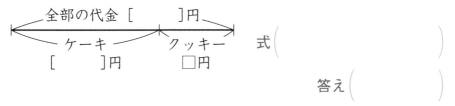

全部の代金 [　　　　]円
ケーキ　　　クッキー
[　　　]円　　□円

式（　　　　　　　　　　　）

答え（　　　　　　　　　　）

2 みかんを同じ数ずつ、7人に分けたら、全部で77こりました。１人分の数を□ことして、かけ算の式に表し、□にあてはまる数をもとめましょう。

1つ10〔20点〕

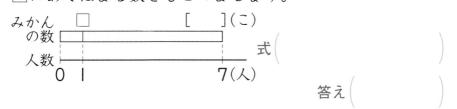

みかん　　□　　　　[　　]（こ）
の数
人数　0　1　　　　　7（人）

式（　　　　　　　　　　　）

答え（　　　　　　　　　　）

3 □にあてはまる数を計算でもとめましょう。

1つ10〔60点〕

① 20 + [　　] = 50

② 500 − [　　] = 80

③ 8 × [　　] = 56

④ [　　] × 10 = 890

⑤ [　　] ÷ 6 = 5

⑥ [　　] ÷ 9 = 4

答えは
72ページ

17　数のかんけいを□を使った式で表そう

／100点

1 1台の車に4人ずつ乗ったら、全部で48人が乗れました。車の台数を□台として、かけ算の式に表し、□にあてはまる数をもとめましょう。

1つ10〔20点〕

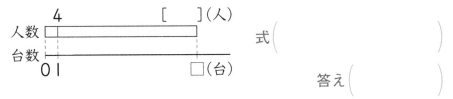

人数　4　　　　　[　　　]（人）

台数　0 1　　　　　　□（台）

式（　　　　　　　　　　）

答え（　　　　　　　　　　）

2 色紙を何まいか持っています。5人で同じ数ずつ分けると、1人7まいずつに分けられました。全部のまい数を□まいとして、わり算の式に表し、□にあてはまる数をもとめましょう。

1つ10〔20点〕

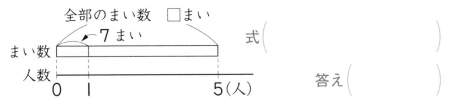

全部のまい数　□まい

まい数　7まい

人数　0 1　　　　5（人）

式（　　　　　　　　　　）

答え（　　　　　　　　　　）

3 □にあてはまる数を計算でもとめましょう。

1つ10〔60点〕

① □ ＋50＝90　　　② 400＋ □ ＝900

③ 1000－ □ ＝20　　④ □ －350＝180

⑤ 6× □ ＝54　　　　⑥ □ ÷8＝6

答えは
72ページ

18　表やグラフから読み取ろう

/100点

1 右の表は、3年1組と2組で、すきなスポーツを調べたけっかをまとめたものです。この表を⑦と⑦の2しゅるいのぼうグラフに表します。つづきをかきましょう。

1つ30〔60点〕

3年生のすきなスポーツ　（人）

しゅるい ＼ 組	1組	2組	合計
テニス	2	1	3
野球	5	4	9
サッカー	6	5	11
水泳	10	9	19
体そう	1	2	3
合計	24	21	45

⑦　　3年生のすきなスポーツ

（人）　　　　　1組■　2組▨
10

5

0
テニス　野球　サッカー　水泳　体そう

⑦　　3年生のすきなスポーツ

（人）　　　　　1組■　2組▨
20

10

0
テニス　野球　サッカー　水泳　体そう

2 **1**の⑦と⑦のグラフで、全体でどのスポーツがいちばん人気があるかすぐにわかるのは、どちらのグラフですか。

〔40点〕

（　　　　　）

答えは72ページ

18　表やグラフから読み取ろう

/100点

1 3年1組と2組で、先月のけがのしゅるいとその人数を調べて、2しゅるいのぼうグラフに表しました。1つ25〔100点〕

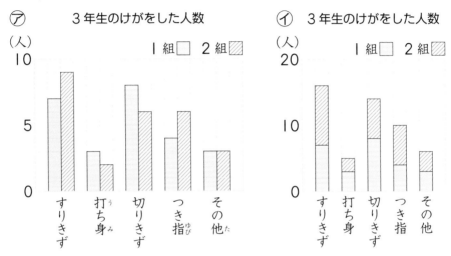

⑦　3年生のけがをした人数
（人）
10
5
0
1組□　2組▨
すりきず／打ち身／切りきず／つき指／その他

⑦　3年生のけがをした人数
（人）
20
10
0
1組□　2組▨
すりきず／打ち身／切りきず／つき指／その他

① ⑦のグラフの1目もりは何人を表していますか。

（　　　　　　　）

② 全体で、いちばん多いけがのしゅるいは何ですか。また、その人数は何人ですか。

しゅるい（　　　　　　　）　　人数（　　　　　　　）

③ つき指をした人が多いのはどちらの組ですか。

（　　　　　　　）

答えは
72ページ

きほん 30

教科書 ⑦ 135〜137 ページ

月　　日

19　そろばんの使い方を学ぼう
❶ 数の表し方
❷ たし算とひき算

／100点

1 ▶ そろばんの部分の名前を書きましょう。　1つ3〔18点〕

❶（　　　　）　❷（　　　　）　❸（　　　　）

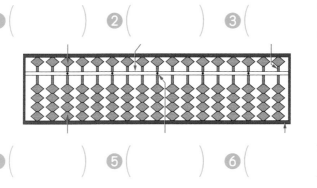

❹（　　　　）　❺（　　　　）　❻（　　　　）

2 ▶ 次の数を数字で書きましょう。　1つ6〔18点〕

❶ 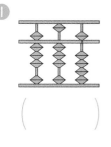　　❷ 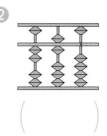　　❸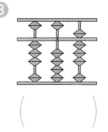

（　　　　）　　（　　　　）　　（　　　　）

3 ▶ そろばんで計算をしましょう。　1つ8〔64点〕

❶ 2＋1　　　　　　❷ 8−2

❸ 7＋8　　　　　　❹ 15−7

❺ 3万＋4万　　　❻ 7万−5万

❼ 1.6＋0.2　　　❽ 1.9−0.5

答えは72ページ

学図版・算数3年—**61**

かくにん 30

19　そろばんの使い方を学ぼう
❶ 数の表し方
❷ たし算とひき算

/100点

1 下の文は、そろばんで計算するときのたまの動かし方を書いたものです。□にあてはまる数を書きましょう。

1つ13〔52点〕

❶ 2+4…一だまで 4 がたせないので、□ をたして、

よぶんな □ をひく。

❷ 6−4…一だまで 4 がひけないので、□ をひいて、

ひきすぎた □ をたす。

❸ 8+9…□ をひいて、□ をたす。

❹ 12−6…□ をひいて、ひきすぎた 4 をたすために、

□ をたして、よぶんな □ をひく。

2 そろばんで計算をしましょう。

1つ8〔48点〕

❶ 2+9

❷ 11−3

❸ 6 万+5 万

❹ 8 万−4 万

❺ 4.2+1.7

❻ 3.7−0.4

答えは
72ページ

かくにん 32

20　3年のふく習をしよう
力だめし ②

／100点

1 100万を8こと、10万を7こと、千を9こ合わせた数を数字で書きましょう。〔12点〕

（　　　　　　　　　　）

2 次の計算をしましょう。　　　　　　1つ8〔32点〕

① 4.2＋3.6　　　　　　② 5.3−0.7

③ $\dfrac{4}{10}+\dfrac{6}{10}$　　　　　④ $1-\dfrac{6}{8}$

3 次の□にあてはまる数を書きましょう。　　　　1つ8〔32点〕

① 2kg＝□g　　　　　② 3km＝□m

③ 3時間＝□分　　　　④ 4分＝□秒

4 右の表は、2年生と3年生がどの町から通学しているかを、町べつにまとめたものです。

町べつの人数　　　（人）

町＼学年	東町	西町	南町	北町	合計
2年	22	15	9	12	
3年	17	13	14	15	
合計					

1つ12〔24点〕

① 表のあいているところに、あてはまる数を書きましょう。

② 3年生の合計は、何人ですか。

（　　　　　　　　　　）

答えは
72ページ

答え

1

3・4ページ

1 ❶ 3　❷ 3　❸ 4　❹ 6
　　❺㋐ 5　㋑ 30　㋒ 18　㋓ 48
　　❻㋐ 32　㋑ 2　㋒ 16　㋓ 48

2 ❶ 6×2=12
　　　2×6=12
　　❷ 8×3=24
　　　4×6=24

3 ❶ 0　❷ 0　❸ 30　❹ 50

★　★　★

1 ❶ 4　❷ 6　❸ 8　❹ 7
　　❺㋐ 3　㋑ 21　㋒ 28　㋓ 49
　　❻㋐ 14　㋑ 5　㋒ 35　㋓ 49

2 ❶ 6×5=30
　　　3×10=30
　　❷ 4×2=8
　　　2×4=8

3 ❶ 0　❷ 0　❸ 0　❹ 100

2

5・6ページ

1 ❶ 午前 6 時 10 分
　　❷ 午後 9 時 20 分
　　❸ 1 時間 55 分

2 ❶ 午後 3 時 40 分
　　❷ 45 分

★　★　★

1 ❶ 午前 5 時 10 分
　　❷ 午後 4 時 55 分
　　❸ 45 分

2 午前 9 時 50 分

3 2 時間 40 分

3

7・8ページ

1 ❶ 1　　　　❷ 120
　　❸ 1、20　　❹ 110

2 ❶ 25 秒　　❷ 47 秒

3 ひろきさんが、10 秒早く着いた。

★　★　★

1 ❶ 1、55　　❷ 180
　　❸ 1、35　　❹ 103

2 ❶ ㋒、㋑、㋐、㋓
　　❷ ㋐、㋑、㋓、㋒

3 けんとさん

4

9・10ページ

1 ❶ 24、4、4、6
　　❷ 24、3、3、8

2 ❶ 3　❷ 6　❸ 4　❹ 4　❺ 3
　　❻ 9　❼ 7　❽ 5　❾ 9

★　★　★

1 ❶ 3　❷ 5　❸ 2　❹ 8　❺ 2
　　❻ 6　❼ 5　❽ 8　❾ 5

2 28÷7=4　　　　　答え 4 人

3 ▶ $72 \div 8 = 9$ 答え $9\,\text{mm}$

4 ▶ 〔れい〕 シールが 25 まいあります。1 人に 5 まいずつ分けると、何人に分けられますか。

5 11・12ページ

1 ▶ ① 0 ② 8 ③ 1
④ 14 ⑤ 13 ⑥ 20

2 ▶ ① 6、6、3、2、2、20
② ㋐ 3 ㋑ 30 ㋒ 3 ㋓ 1
㋔ 31

3 ▶ $48 \div 4 = 12$ 答え 12 日

★ ★ ★

1 ▶ ① 6 ② 0 ③ 1
④ 11 ⑤ 24 ⑥ 10

2 ▶ $9 \div 1 = 9$ 答え 9 本

3 ▶ $66 \div 6 = 11$ 答え 11 本

4 ▶ $80 \div 8 = 10$ 答え 10 まい

6 13・14ページ

1 ▶ $21 \div 7 = 3$ 答え 3 倍

2 ▶ $8 \times 2 = 16$ 答え $16\,\text{cm}$

3 ▶ ① 4 ② 3 ③ 6 ④ 4

★ ★ ★

1 ▶ $15 \div 5 = 3$ 答え 3 倍

2 ▶ $36 \div 9 = 4$ 答え 4 倍

3 ▶ $8 \times 3 = 24$ 答え 24 まい

4 ▶ $36 \div 4 = 9$ 答え 9 こ

7 15・16ページ

1 ▶ ① 492 ② 462 ③ 916
④ 1192 ⑤ 1074 ⑥ 561
⑦ 200 ⑧ 18 ⑨ 784

2 ▶ ① $281 + 323 = 604$
答え 604 人
② $323 - 281 = 42$
答え 午後が 42 人多い。

★ ★ ★

1 ▶ ① 441 ② 601 ③ 910
④ 1435 ⑤ 140 ⑥ 406
⑦ 48 ⑧ 937 ⑨ 58

2 ▶ ① $375 + 286 = 661$
答え 661 まい
② $375 - 286 = 89$
答え 赤い色紙が 89 まい多い。

8 17・18ページ

1 ▶ ① 7641 ② 2695
③ 8032 ④ 10000
⑤ 2225 ⑥ 1924

2 ▶ ① 349 ② 306 ③ 308
④ 332 ⑤ 424 ⑥ 378

3 ▶ ① 88 ② 80 ③ 52
④ 42

★ ★ ★

1 ▶ ① 500 ② 733 ③ 4
④ 719 ⑤ 607 ⑥ 166

2 ▶ ① 83 ② 62 ③ 64
④ 33

3 ▶ ① $3750 + 5087 = 8837$
答え 8837 円
② $5087 - 3750 = 1337$
答え 1337 円

9

19・20ページ

1 店の数調べ

店	数(けん)
食べ物屋	9
薬局	6
コンビニエンスストア	4
パン屋	3
病院	7
その他	3
合計	32

2
1 60点
2 25m
3 700円

★ ★ ★

1 すきな色調べ

色	人数(人)
赤	6
青	5
黄	5
緑	3
だいだい	4
その他	2
合計	25

2
1 5さつ
2 30さつ

10

21・22ページ

1
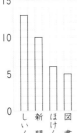
(人) きぼうする係の人数

2
1 6人
2 ㋐ 17
  ㋑ 11
  ㋒ 9
  ㋓ 34

★ ★ ★

1
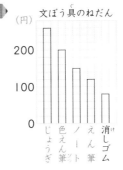
文ぼう具のねだん
(円)

2
㋐ 9
㋑ 6
㋒ 12
㋓ 5
㋔ 21
㋕ 54

11

23・24ページ

1
あ 2cm
い 78cm
う 104cm
え 115cm

2
1 道のり…900m
  きょり…800m
2 1300m、1km300m

3
1 6000
2 3150

★ ★ ★

1
1 km
2 cm、mm

2
あ 16m95cm
い 17m67cm
う 18m5cm

3
1 1km630m(1630m)
2 4km150m(4150m)
3 2km640m(2640m)
4 330m

4
1 1km700m
2 3km100m

12

25・26ページ

1

1cm5mm

2cm

2
㋒

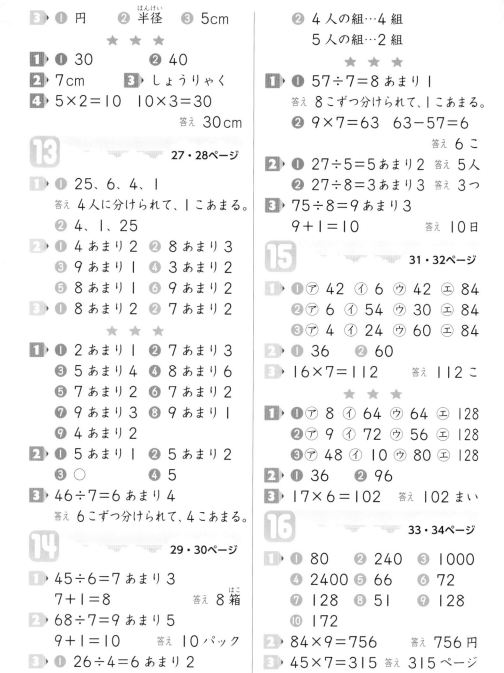

3 ❶ 円　❷ 半径（はんけい）　❸ 5cm

★ ★ ★

1 ❶ 30　❷ 40

2 7cm　　3 しょうりゃく

4 5×2＝10　10×3＝30

答え 30cm

13 **27・28ページ**

1 ❶ 25、6、4、1

答え 4人に分けられて、1こあまる。

❷ 4、1、25

2 ❶ 4あまり2　❷ 8あまり3

❸ 9あまり1　❹ 3あまり2

❺ 8あまり1　❻ 9あまり2

3 ❶ 8あまり2　❷ 7あまり2

★ ★ ★

1 ❶ 2あまり1　❷ 7あまり3

❸ 5あまり4　❹ 8あまり6

❺ 7あまり2　❻ 7あまり2

❼ 9あまり3　❽ 9あまり1

❾ 4あまり2

2 ❶ 5あまり1　❷ 5あまり2

❸ ○　　　　❹ 5

3 46÷7＝6あまり4

答え 6こずつ分けられて、4こあまる。

14 **29・30ページ**

1 45÷6＝7あまり3

7＋1＝8　　　答え 8箱（はこ）

2 68÷7＝9あまり5

9＋1＝10　　　答え 10パック

3 ❶ 26÷4＝6あまり2

答え 6組できて、2人のこる。

❷ 4人の組…4組

5人の組…2組

★ ★ ★

1 ❶ 57÷7＝8あまり1

答え 8こずつ分けられて、1こあまる。

❷ 9×7＝63　63−57＝6

答え 6こ

2 ❶ 27÷5＝5あまり2　答え 5人

❷ 27÷8＝3あまり3　答え 3つ

3 75÷8＝9あまり3

9＋1＝10　　　答え 10日

15 **31・32ページ**

1 ❶㋐ 42　㋑ 6　㋒ 42　㋓ 84

❷㋐ 6　㋑ 54　㋒ 30　㋓ 84

❸㋐ 4　㋑ 24　㋒ 60　㋓ 84

2 ❶ 36　❷ 60

3 16×7＝112　　答え 112こ

★ ★ ★

1 ❶㋐ 8　㋑ 64　㋒ 64　㋓ 128

❷㋐ 9　㋑ 72　㋒ 56　㋓ 128

❸㋐ 48　㋑ 10　㋒ 80　㋓ 128

2 ❶ 36　❷ 96

3 17×6＝102　　答え 102まい

16 **33・34ページ**

1 ❶ 80　❷ 240　❸ 1000

❹ 2400　❺ 66　❻ 72

❼ 128　❽ 51　❾ 128

❿ 172

2 84×9＝756　　答え 756円

3 45×7＝315　答え 315ページ

★ ★ ★

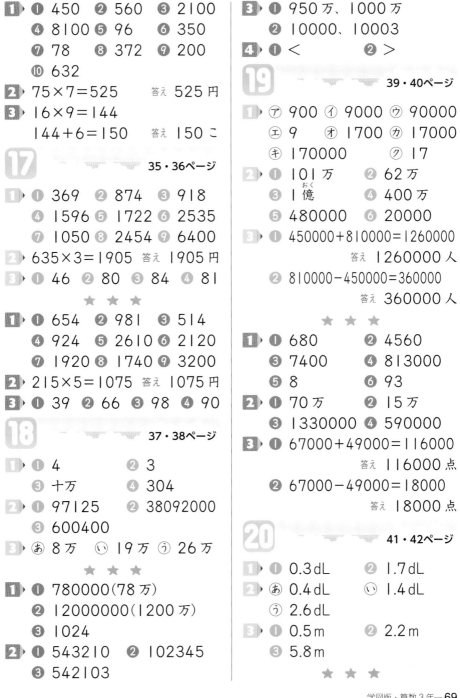

1 ❶ 450 ❷ 560 ❸ 2100
❹ 8100 ❺ 96 ❻ 350
❼ 78 ❽ 372 ❾ 200
❿ 632

2 75×7=525 　答え 525 円

3 16×9=144
144+6=150 　答え 150 こ

17　35・36ページ

1 ❶ 369 ❷ 874 ❸ 918
❹ 1596 ❺ 1722 ❻ 2535
❼ 1050 ❽ 2454 ❾ 6400

2 635×3=1905 　答え 1905 円

3 ❶ 46 ❷ 80 ❸ 84 ❹ 81

★ ★ ★

1 ❶ 654 ❷ 981 ❸ 514
❹ 924 ❺ 2610 ❻ 2120
❼ 1920 ❽ 1740 ❾ 3200

2 215×5=1075 　答え 1075 円

3 ❶ 39 ❷ 66 ❸ 98 ❹ 90

18　37・38ページ

1 ❶ 4 ❷ 3
❸ 十万 ❹ 304

2 ❶ 97125 ❷ 38092000
❸ 600400

3 ⓐ 8 万 ⓘ 19 万 ⓤ 26 万

★ ★ ★

1 ❶ 780000（78 万）
❷ 12000000（1200 万）
❸ 1024

2 ❶ 543210 ❷ 102345
❸ 542103

3 ❶ 950 万、1000 万
❷ 10000、10003

4 ❶ ＜ ❷ ＞

19　39・40ページ

1 ㋐ 900 ㋑ 9000 ㋒ 90000
㋓ 9 ㋔ 1700 ㋕ 17000
㋖ 170000 　㋗ 17

2 ❶ 101 万 ❷ 62 万
❸ 1 億 ❹ 400 万
❺ 480000 ❻ 20000

3 ❶ 450000+810000=1260000
　　　　答え 1260000 人
❷ 810000−450000=360000
　　　　答え 360000 人

★ ★ ★

1 ❶ 680 ❷ 4560
❸ 7400 ❹ 813000
❺ 8 ❻ 93

2 ❶ 70 万 ❷ 15 万
❸ 1330000 ❹ 590000

3 ❶ 67000+49000=116000
　　　　答え 116000 点
❷ 67000−49000=18000
　　　　答え 18000 点

20　41・42ページ

1 ❶ 0.3 dL ❷ 1.7 dL

2 ⓐ 0.4 dL ⓘ 1.4 dL
ⓤ 2.6 dL

3 ❶ 0.5 m ❷ 2.2 m
❸ 5.8 m

★ ★ ★

1 あ 0.5　　い 0.8　　う 1.1
え 2.3

2 ① <　　② <　　③ >

3 ① 4.3　② 37　③ 0.9

4 ① 0.9、1.3　② 3.9、3.6

21　43・44ページ

1 ① 0.6　② 4.1　③ 0.3
④ 0.5

2 ① 9.6　② 9.2　③ 6
④ 4.2　⑤ 3.6　⑥ 3.1

3 ① 4.2＋2.9＝7.1　答え 7.1L
② 4.2－2.9＝1.3　答え 1.3L

★ ★ ★

1 ① 6.8　② 9.6　③ 8.3
④ 10　⑤ 3　⑥ 7.2
⑦ 3.3　⑧ 1.7　⑨ 3.8
⑩ 1.2　⑪ 0.1　⑫ 6

2 2.4－1.6＝0.8　答え 0.8km

22　45・46ページ

1 二等辺三角形…ア
正三角形…ウ

2 エ→イ→ア→ウ

3 ① 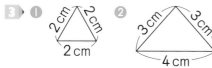 ②

★ ★ ★

1 ① 正三角形
② 二等辺三角形
③【れい】
右の図

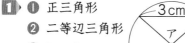

2 ① カの角
② エの角　③ カの角
④ ウ→ア→エ→イ

23　47・48ページ

1 ① 560　② 350　③ 1600

2
① 23 ×21 → 23 / 46 / 483
② 15 ×43 → 45 / 60 / 645
③ 62 ×27 → 434 / 124 / 1674
④ 36 ×74 → 144 / 252 / 2664
⑤ 82 ×69 → 738 / 492 / 5658
⑥ 40 ×43 → 120 / 160 / 1720
⑦ 90 ×18 → 720 / 90 / 1620
⑧ 21 ×30 → 630
⑨ 57 ×60 → 3420

3 85×34＝2890　答え 2890円

★ ★ ★

1 ① 60　② 280　③ 3000
④ 2400

2 ① 1482　② 2535　③ 5760
④ 1440　⑤ 3942　⑥ 4370
⑦ 360　⑧ 2880

3 98×25＝2450　答え 2450円

24　49・50ページ

1
① 312 ×31 → 312 / 936 / 9672
② 512 ×48 → 4096 / 2048 / 24576
③ 634 ×79 → 5706 / 4438 / 50086

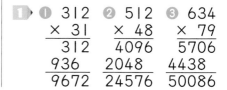

④ 218
× 45
1090
872
9810

⑤ 722
× 13
2166
722
9386

⑥ 529
× 81
529
4232
42849

⑦ 502
× 34
2008
1506
17068

⑧ 806
× 87
5642
6448
70122

⑨ 602
× 50
30100

2▶ 365×12=4380
答え 4380 こ

3▶ ① 2000　② 900

★　★　★

1▶ ① 5535　② 26676
③ 57078　④ 49560
⑤ 19228　⑥ 2730
⑦ 11455　⑧ 21280

2▶ 150×32=4800
答え 4800 円

3▶ ① 150　② 160
③ 600　④ 1300

25 51・52ページ

1▶ ① $\frac{3}{8}$　② $\frac{4}{5}$

2▶ ① $\frac{1}{7}$ m　② $\frac{4}{9}$ m

3▶ ① $\frac{1}{6}$ L　② $\frac{4}{6}$ L

4▶ ① <　② =

★　★　★

1▶ ① $\frac{3}{10}$　② 0.9

③ 0 |——————↓——| 1

2▶ ① 1　② $\frac{10}{8}$

3▶ $\frac{4}{9}$ L

4▶ ① >　② =

26 53・54ページ

1▶ ① $\frac{2}{3}$　② 1　③ $\frac{5}{7}$　④ 1

2▶ $\frac{1}{9}+\frac{7}{9}=\frac{8}{9}$　　答え $\frac{8}{9}$ L

3▶ ① $\frac{3}{6}$　② $\frac{2}{8}$　③ $\frac{4}{5}$　④ $\frac{4}{9}$

4▶ $\frac{6}{7}-\frac{2}{7}=\frac{4}{7}$　　答え $\frac{4}{7}$ L

★　★　★

1▶ ① $\frac{3}{6}$　② 1　③ $\frac{7}{9}$　④ 1

2▶ $\frac{5}{9}+\frac{4}{9}=1$　　答え 1 m

3▶ ① $\frac{2}{9}$　② $\frac{4}{10}$　③ $\frac{6}{7}$　④ $\frac{1}{5}$

4▶ $\frac{7}{8}-\frac{5}{8}=\frac{2}{8}$　　答え $\frac{2}{8}$ m

27 55・56ページ

1▶ ① 14g　② 150g

2▶ ① 720g　② 240g

3▶ ① g　② kg、g

4▶ 650g−150g=500g　　答え 0.5kg

★　★　★

1▶ ① 2010　② 1000
③ 19、500　④ 1000
⑤ 12.4　⑥ 1000

2 ❶ 1kg300g

❷ 1300g

❸ 1kg300g−300g=1kg

答え 1kg

3 ▸ 2kg100g+800g=2kg900g

答え 2.9kg

28　57・58ページ

1 ▸ 式 400+□=600　答え 200

2 ▸ 式 □×7=77　　　答え 11

3 ▸ ❶ 30　❷ 420　❸ 7

❹ 89　❺ 30　❻ 36

★ ★ ★

1 ▸ 式 4×□=48　　　答え 12

2 ▸ 式 □÷5=7　　　答え 35

3 ▸ ❶ 40　❷ 500　❸ 980

❹ 530　❺ 9　❻ 48

29　59・60ページ

1 ▸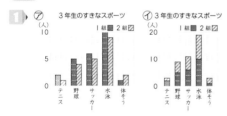

2 ▸ ⑦

★ ★ ★

1 ▸ ❶ 2人

❷ しゅるい…すりきず　人数…16人

❸ 2組

30　61・62ページ

1 ▸ ❶ 五だま　　❷ はり

❸ けた　　　　❹ 一だま

❺ 定位点　　　❻ わく

2 ▸ ❶ 835　❷ 260　❸ 30.8

3 ▸ ❶ 3　❷ 6　❸ 15

❹ 8　❺ 7万　❻ 2万

❼ 1.8　❽ 1.4

★ ★ ★

1 ▸ ❶ 5、1　❷ 5、1

❸ 1、10　❹ 10、5、1

2 ▸ ❶ 11　❷ 8　❸ 11万

❹ 4万　❺ 5.9　❻ 3.3

31　63ページ

1 ▸ ❶ 7000　❷ 9あまり4

❸ 167　❹ 1564

2 ▸ ❶ $\frac{3}{7}$　❷ $\frac{5}{8}$　❸ 1

3 ▸ ❶ <　❷ >　❸ >　❹ =

4 ▸ 24÷4=6　6÷2=3

答え 3cm

32　64ページ

1 ▸ 8709000

2 ▸ ❶ 7.8　❷ 4.6　❸ 1

❹ $\frac{2}{8}$

3 ▸ ❶ 2000　❷ 3000

❸ 180　❹ 240

4 ▸ ❶

町べつの人数　　（人）

学年＼町	東町	西町	南町	北町	合計
2年	22	15	9	12	58
3年	17	13	14	15	59
合計	39	28	23	27	117

❷ 59人

3 2 1 0 9 8 7 6 5 4

＊ ＊ D C B A